AF705158

Bundesbahn-Fotoalbum

Band 1: 1961 – 1967

Helmut Bittner

DGEG Medien

Titelbild

Der F 44 „Roland“ von Bremen nach Frankfurt wird mit einem VT 08^5 gefahren. Am 23. Mai 1963 benötigt er wegen eines Defektes eine Hilfslok, und diese Aufgabe übernimmt in Hannover Hbf die Kasseler 01 1086. Die Lok ist zu diesem Zeitpunkt eines der wenigen Exemplare ihrer Baureihe, die statt der üblichen Führerhausbelüftung eine provisorische in der Ausführung der Kriegsloks trägt.

Impressum

Bundesbahn-Fotoalbum
Band 1: 1961 bis 1967

Bibliografische Information der Deutschen Nationalbibliothek: Die Deutsche Nationalbibliothek verzeichnet diese Publikation in der Deutschen Nationalbibliografie; detaillierte bibliografische Daten sind im Internet über http://dnb.d-nb.de abrufbar.

ISBN 978-3-946594-05-5

Alle Rechte vorbehalten. Der Nachdruck (auch einzelner Teile), Speicherung, Vervielfältigung und Verbreitung sind ohne Genehmigung des Verlags unzulässig und strafbar.

3. Auflage 2026

Herstellung: Axel Ladleif, DGEG Medien GmbH
Druck und Verarbeitung: Bonifatius Druck, Paderborn

© DGEG Medien GmbH
Monforts Quartier 1 · 41238 Mönchengladbach
medien@dgeg.de · **www.dgeg-medien.de**

Inhalt

Einleitung

Helmut Bittner (1941–2014) gehört nicht zu den „großen Namen" der deutschen Eisenbahnfotografie. Viele seiner Aufnahmen fanden jedoch schon Eingang in diverse Veröffentlichungen, sei es in Zeitschriften, sei es in Ko-Autorenschaft bei Bildbänden dieses Verlages. Nun liegt mit dem ersten Band der Reihe „Bundesbahn-Fotoalbum" für den Zeitraum von 1961–1967 ein Buch nur mit Aufnahmen von Helmut Bittner vor. Ebenfalls erschienen ist bereits Band 2 für den Zeitraum 1968 – 1970. Weitere Bände für die Zeit bis etwa 1985 werden folgen.

Helmut Bittner wurde 1941 in Prag geboren. Infolge der Kriegsereignisse musste er mit seiner Familie fliehen, nach einer Zwischenstation in Erfurt landete er 1953 im westfälischen Witten, dem er bis zu seinem Tod treu blieb. Sein gesamtes Berufsleben verbrachte er als Ingenieur bei den Edelstahlwerken unweit des Wittener Hbf.

Dem zunächst in Bochum-Dahlhausen, dann in Herbede und seit 1985 in den heutigen Räumen in Witten ansässigen Archiv der Deutschen Gesellschaft für Eisenbahngeschichte (DGEG) hat er sich bis kurz vor seinem viel zu frühen Tod intensiv gewidmet. Zum Bestand dieses Archivs gehören heute auch über 8000 von Helmut Bittner gemachte Dias. Sein gesamtes fotografisches Schaffen war noch erheblich größer; zahlreiche Dias, vor allem mit Motiven aus Österreich, hat er lange vor seinem Tod Freunden (von denen inzwischen selbst einige verstorben sind) überlassen. Um welche genau es sich dabei handelt, ist heute gar nicht mehr nachvollziehbar, aber erkennbare Lücken geben Hinweise. So fehlen beispielsweise bei Aufnahmen aus Bebra die Fotos der Zugloks von einigen Schnellzügen in die DDR, während die Bilder der jeweiligen Schiebeloks vorhanden sind.

Schon als Jugendlicher begann er mit dem Fotografieren von Lokomotiven, zunächst in Österreich, wo er lange und intensive Freundschaften pflegte, später vermehrt in der Bundesrepublik. Auch die DDR und vor allem das damalige Jugoslawien gehörten zu seinen Zielen. So sind seit Beginn der 1960er-Jahre zahlreiche Aufnahmen entstanden, von denen hier eine Auswahl zu sehen ist. Übrigens hat Helmut Bittner bis weit in die 1960er-Jahre mit Schwarzweiß-Diafilmen fotografiert und Farbdias zunächst nur zögerlich verwendet.

Angesichts des jungen Alters des Fotografen liegt ein Schwerpunkt der Aufnahmen zunächst, also in den frühen 1960er-Jahren, im Aktionsradius von Tagestouren und Veranstaltungen für Eisenbahnfreunde. Aber auch in Süddeutschland oder hoch im Norden war Helmut Bittner – etwa aus Anlass der BDEF-Jahrestagungen oder zahlreicher Sonderfahrten – früh aktiv und hat seltene Motive eingefangen.

Die Aufnahmen dieses ersten Bandes lassen mit der Schmalspurbahn oder Personenzügen mit Umbauwagen genauso wie mit schweren Schnell- oder Güterzügen die Dampfzeit der 1960er-Jahre noch einmal aufleben. Für die älteren Eisenbahnfreunde ist es so eine Reise in jene Zeit, in der sie selber „vom Virus befallen" wurden, für die Jüngeren ermöglicht die erlebbare Atmosphäre der Bilder vielleicht das Verständnis für die Dampfnostalgie der Älteren. Auf jeden Fall legen die Fotos Zeugnis ab von einer Zeit, in der die Dampflok noch in vielen Regionen einen beträchtlichen Teil des Betriebsgeschehens erbrachte, wenn auch die oft bereits installierten elektrischen Fahrleitungen das nahe Ende erkennen lassen.

Für die ersten Jahre hat Helmut Bittner über seine Touren und Sichtungen detailliert Buch geführt. Es hätte also nahegelegen, diesen Aufzeichnungen zu folgen. Allerdings erwies sich dies im Interesse einer besseren „Lesbarkeit" des vorliegenden Buchs öfters als nicht sinnvoll, da in manchen Jahren bestimmte Ziele – etwa die Main-Weser-Bahn oder die letzten 03.10 – mehrfach besucht wurden. Innerhalb der großen Ordnung, also nach Jahren, wurden hier die Themen bzw. Ziele zusammengefasst. Mit anderen Worten: Die in diesem Buch vorgenommenen Touren entsprechen oft nicht den tatsächlichen damaligen Fahrtverläufen.

Anhand der Aufzeichnungen Helmut Bittners wie auch der eigenen Kenntnisse hat Dietrich Bothe die Texte zu den Bildern verfasst und die ihm wesentlich erscheinenden Dinge notiert und erläutert. Wir glauben, dass dies im Sinne Helmut Bittners, der eine tiefe Sachkenntnis und Leidenschaft speziell zur Dampflokomotive pflegte, geschehen ist.

Viel Spaß beim Stöbern im Bundesbahn-Fotoalbum Band 1!

Hamburg und Mönchengladbach, im Frühjahr 2026

Anlässlich des Verbandstages des BDEF (Bundesverband Deutscher Eisenbahn-Freunde) führte am 13. Mai 1961 eine Sonderfahrt den mit 41 002 bespannten Sonderzug auch nach Rendsburg. 41 002 ist die zweite der beiden Vorserienloks ihrer Baureihe, die abweichend von den folgenden Loks eine Steuerung mit Kuhnscher Schleife hatten; bei den Serienloks wurde eine Hängeeisensteuerung eingebaut. Rechts ist die auch heute noch vorhandene eigentümliche Hallenkonstruktion des Bahnhofes Rendsburg zu sehen. Dahinter iegt in rund 1200 m Luftlinie und etwa 5600 m Bahnstrecke Entfernung, hier nicht sichtbar, die Hochbrücke über den Nord-Ostsee-Kanal, die der Zug kurz zuvor passiert hat. Seinerzeit war es durchaus Usus, die Lokomotiven bei Sonderfahrten mit Fähnchen, Plakaten und ähnlichem Zierat zu versehen. In diesem Fall war als Trägerin eigentlich eine V 160-Prototyplok dafür vorgesehen, die aber wenige Tage zuvor aus dem Betrieb genommen wurde.

Im Bw Hamburg-Wilhelmsburg wird die Uelzener 41 234 im Mai 1961 von 50 633 und 50 1214 eingerahmt. Alle drei Loks zeigen das klassische Bild der Einheitsloks mit Witte-Windleitblechen und Umlaufschürze, welches bei der Baureihe 50 eher selten war. Rechts ist eine Neubaukessel-41 mit Ölfeuerung erkennbar, die aus Osnabrück/Bremen über die Rollbahn nach Hamburg gekommen ist

Als der Blick auf die Südseite im Hamburger Hauptbahnhof von der Altmannbrücke nur durch Signale und noch nicht durch Fahrleitungen behindert war, entstand im Mai 1961 diese Aufnahme mit einer in Richtung Harburg ausfahrenden 03 mit ihrem Personenzug aus dreiachsigen Umbauwagen. Die zwischen den Personenbahnsteigen liegenden Gepäckbahnsteige erleichterten in großen Bahnhöfen die zügige Abwicklung von Fahrgastwechsel und Ladegeschäft. Vor der Bahnhofshalle passiert einer der typischen Hamburger Straßenbahn-Großraumwagenzüge die Szene und wird seine Fahrt in die Mönckebergstraße fortsetzen. Um die Mittagszeit ist der Hauptbahnhof erstaunlich leer und wirkt fast wie ausgestorben.

01 1070 des Bw Bebra steht in Hannover Hbf im Februar 1962 mit D 168 Hamburg – Mannheim zur Abfahrt bereit (Bild oben). Sie besitzt noch die unschönen auf dem Umlauf angeordneten Sandkästen, die kurze Zeit später schräg unter dem Kessel hinter dem Umlaufblech angeordnet werden.

Auch wenn die Loknummer eine preußische T 3 vermuten lässt, so handelt es sich bei der im November 1961 in Hannover Hbf aufgenommenen 89 7513 tatsächlich um eine Jung-Industrielok der Bauart Pudel. Sie stammt von der Bremer Hafenbahn und gelangte 1930 zur Reichsbahn. Die in Hannover stationierte Lok gehörte zu den letzten 89 der DB. Sie hat bis heute überlebt.

Die Bremer 03 266 hat im Februar 1962 am frühen Nachmittag den E 590 aus Bremen nach Hannover Hbf gebracht und fährt jetzt zum Abstellbahnhof Pferdeturm. Die Lok besitzt als eine der wenigen ihrer Baureihe die neuen Stauschuten vor den Führerstandsfenstern, die Sichtbehinderungen durch Regen und Schnee auf den Fenstern verhindern sollten.

23 094 erreicht im April 1962 mit E 552 aus Oldenburg den Osnabrücker Hbf im unteren Bahnhofsteil. Die Kombination aus Umbauwagen und Vorkriegs-Packwagen, hier in der vierachsigen Variante, war seinerzeit bei Personen- und Eilzügen sehr verbreitet. Gerade noch erkennbar ist die Tenderrückseite der Rheiner 03 063 mit ihrem Kurztender der Bauart 2'2T30.

Die kohlegefeuerte Neubaukessel-Lok 41 307 fährt im April 1962 mit E 748 aus Hamburg in den Osnabrücker Hauptbahnhof ein. Vor den Vorkriegs-Eilzugwagen ist an erster Stelle ein zweiachsiger Gm als Stückgutwagen eingereiht. Die in Bremerhaven-Geestemünde beheimatete Lok fährt ohne Schornsteinaufsatz, was bei den kohlegefeuerten Neubaukessel-41 des Öfteren vorkam.

Die Neubaukessel-Lok 01 133 ist im April 1962 in Osnabrück Hauptbahnhof oben vom Bw kommend am Stellwerk Ok vorbei in Richtung Bahnsteig unterwegs, um ihre Zugleistung zu übernehmen. Die Lok, die damals noch in Osnabrück heimisch war, wird nach Beheimatungen in Rheine und Paderborn erst 1973 in Ehrang ausgemustert werden und gehört damit zu den letzten 01 der DB.

Auch die Aufnahmen auf der Seite rechts sind im April 1962 an derselben Stelle entstanden. Rechts oben verlässt die ölgefeuerte 01 1079 mit D 497 Düsseldorf – Hamburg den Hauptbahnhof Osnabrück. Sie wird auf der Rollbahn zunächst das Wiehengebirge überwinden. Unten ist die kohlegefeuerte 44 442 mit ihrem Güterzug in der Gegenrichtung unterwegs und wird über Münster ins Ruhrgebiet rollen.

2
118

118

Bei einer Fahrzeugausstellung anlässlich des BDEF-Verbandstages ist im Bahnhof Friedrichshafen Hafen im Juni 1962 unter anderem 39 230 zu sehen. Die in Villingen stationierte Lok zeigt das Aussehen zahlreicher DB-P 10 in den letzten Jahren. Zu den Attributen gehören Witte-Windleitbleche, Indusi und Einheitstender. Trotzdem ist die Lok ein Sonderling, da sie als einzige P 10 eine Hängeeisensteuerung besitzt. Außerdem ist sie eine von nur zwei überlebenden ihrer Baureihe. Heute kann sie im Deutschen Dampflokomotiv-Museum (DDM) in Neuenmarkt-Wirsberg bewundert werden.

Bei derselben Gelegenheit wie auf der Vorseite ist hier die württembergische T 5 75 082 zu sehen, die als eine der letzten ihrer Art noch etwa neun Monate Dienstzeit in Aulendorf vor sich hat.

Neben der württembergischen 75 war mit 75 417 auch eine badische Schwester in Friedrichshafen ausgestellt. Zumindest von dieser Bauart ist 75 1118 erhalten geblieben. Im Hintergrund grüßt der Turm der Sankt Petrus-Canisiuskirche. Die 92 250 (Bild unten) ist eine Vertreterin der badischen Rangierlokgattung Xb. Ein letztes erhaltenes Exemplar harrt im DGEG-Museum Neustadt (Weinstraße) in ramponiertem Zustand der Konservierung. Und schließlich war mit 18 508 auch bayerische Lokbaukunst zu bewundern. Diese Lok gehörte zu den letzten bei der DB eingesetzten originalen S 3/6 und hat bis heute überlebt.

18 508

92 296

Im März 1963 warten in Hausach am Fuße der Schwarzwaldbahn vier badische Tenderloks auf den Schneidbrenner. Hinter 92 296 ist eine weitere badische Xb zu sehen, dahinter zwei VIc der Baureihe $75^{4,\,10-11}$. Ebenfalls ausgedient hat eine wesentlich jüngere 44.

Ebenfalls im März 1963 zeigt sich im Bw Hausach die zum Bw Freudenstadt gehörende 38 3845 bei bester Gesundheit. Vergleichbare Aufnahmen ließen sich auch zehn Jahre später noch anfertigen. Auch der auf dem Bild links sichtbare einfache Kohlekran war dann mit von der Partie, der badische Schnellzugwagen als Arbeitszugwagen aber vermutlich nicht mehr. Hinter der Lok verschwinden unter den Brücken die Strecken nach Freudenstadt und Villingen.

Auch 93 871 hat im März 1963 ausgedient und wartet gemeinsam mit einer badischen Xb, deren Nummer nicht überliefert ist, in Mannheim auf den Recycling-Prozess. Luftpumpe und Laternen wurden einer neuen Verwendung zugeführt. Die Lokschilder fanden damals noch keinen Liebhaber.

Zurück in den Norden: In Hannover Hbf ist am 23. Mai 1963 die 93 565 des Bw Hannover Hgbf noch aktiv. Sie besitzt einen neueren Kessel mit Speisedom, aber ein Führerhaus alter Bauart mit nachgerüsteten Lüftern. Im Hintergrund setzt ich gerade 01 064 des Bw Rheine in Bewegung; sie hat den E 619 aus Bentheim gebracht, der Hannover um 9 Uhr erreichte, und bringt ihn jetzt zum Abstellbahnhof. In Hannover wird mit dem Fahrplanwechsel am 26. Mai 1963 von Süden kommend der elektrische Zugbetrieb aufgenommen.

01 064

Wie hat sich die Szenerie in den letzten 55 Jahren verändert! Im Mai 1963 fährt 86 485 des Bw Kassel mit dem nachmittäglichen Personenzug 2959 nach Eschwege von Kassel Hbf kommend aus Kassel-Kirchditmold aus. Den Bahnhof gibt es heute nicht mehr, dafür einige hundert Meter weiter westlich einen Regiotram-Haltepunkt gleichen Namens an der Strecke nach Warburg. Der Personenzug besteht in zeittypischer Zusammenstellung aus Donnerbüchsen und dreiachsigen Umbauwagen.

Von der Brücke im Verlauf der Tannenstraße bietet sich auch heute noch der Blick auf die Bahnanlagen des Kasseler Hauptbahnhofes. Im Mai 1963 ist 01 1097 auf dem Weg vom Bw Bahndreieck zum Hbf, um dort ihre Zugleistung zu übernehmen. Die Lok ist als einzige ihrer Baureihe mit einem Tender mit Kohlenkastenabdeckklappen ausgerüstet.

Wiederum in Kassel-Kirchditmold ist im Mai 1963 44 094 mit ihrem Güterzug auf dem Weg von Kassel Rbf nach Bebra. Durch die Lok verdeckt zweigt im Hintergrund die Strecke zum Hauptbahnhof nach rechts ab. Die in Bebra beheimatete Maschine gehört zu den nur sehr wenigen ölgefeuerten 44 mit Umlaufschürze. 1977 wird sie – ohne Umlaufschürze – als eine der letzten DB-Dampfloks in Rheine ausgemustert

Kassel war das letzte Refugium für die preußischen T 13 bei der DB. 92 1009 wartet ohne Eigentumskennzeichung im Bw auf ihren nächsten Einsatz. Noch im selben Jahr wird sie ausgemustert. Hinter dem Preußen versteckt sich die ebenfalls hier beheimatete 10 001, die aus Anlass der Verbandstagung des BDEF zusammen mit anderen Fahrzeugen ausgestellt ist.

92 705 ist im Mai 1963 in Kassel Hauptbahnhof zum Rangierdienst eingeteilt, gönnt sich aber auf dem Bild in der Mittagssonne gerade eine Pause. Auch diese Lok wird noch 1963 ausgemustert. Bei den älteren Länderbahnloks war es durchaus nicht selbstverständlich, dass sie, so wie hier, einen DB-Keks abbekamen.

Im Betriebswerk Kassel Bahndreieck steht im Mai 1963 vor dem Rechteckschuppen die ÜK-Lok 86 854. Im Hintergrund ist der Tender einer 01^{10} Öl zu sehen und am gewaltigen Kohlenkran rangiert eine Kö I.

Eine lange Reihe abgestellter Loks wird ebenfalls im Mai 1963 von der im Januar nach einem Unfall z-gestellten 86 378 angeführt. Die offensichtlich bei einer Flankenfahrt beschädigte Lok hat den linken Zylinder verloren und einen eingedrückten Wasserkasten. Dahinter sind fünf abgestellte 92er zu sehen.

Zwei der leistungsfähigsten und am intensivsten eingesetzten DB-Dampflokbauarten zeigen sich auf dieser Seite im Bw Kassel im Mai 1963 bei einer Fahrzeugausstellung anlässlich der BDEF-Verbandstagung in bestem Pflegezustand. Auch 44 1121 gehörte zu den letzten bei der DB eingesetzten Dampfloks und verabschiedete sich erst 1977 aus dem aktiven Dienst. 01 1077 wurde 1973 aufgrund eines Triebwerkschadens vorzeitig z-gestellt. Beide gehörten zum Schluss zum Betriebswerk Rheine.

Im Dezember 1963 bespannt die lange Jahre in Osnabrück beheimatete 01 1078 den DVz 96, der vermutlich über den kompletten Laufweg des Hauptzuges D 96 von Hamburg nach Köln geführt wurde, und verlässt soeben nachmittags den Bahnhof Wanne-Eickel. Während sich die Bahn heute im Stoßverkehr darauf beschränkt, die Reisenden mit dem Hinweis „voraussichtlich starkes Reisendenaufkommen“ zu einer frühzeitigen Reservierung zu drängen, setzte sie in früheren Zeiten Vor- oder Nachzüge ein, was zweifellos als Vorzug des Bahnreisens verstanden werden konnte.

Rechts: 01 1072, die im Herbst des Aufnahmejahres 1963 aus Kassel nach Osnabrück gewechselt war, setzt sich am vermutlich selben Tag im Feiertagsverkehr in Wanne-Eickel mit dem D 496 Hamburg – Düsseldorf in Bewegung. D 496, DVz 96 und D 96 fuhren im Abstand von wenigen Minuten und großenteils identischem Laufweg. Das war seinerzeit auf den Magistralen durchaus gängige Praxis. Damals fuhren übrigens die meisten Rollbahn-Fernzüge noch in der ursprünglichen Relation von Münster unter Umgehung von Dortmund über Wanne-Eickel nach Essen. Die Kursbuchtabelle 218 zeigte die Verbindung Wanne-Eickel – Hamburg und die Kilometrierung fing in Wanne-Eickel bei 0 an.

01 1072

Die Treuchtlinger 01 080 verlässt im Dezember 1963 mit geöffneten Zylinderhähnen den damals noch weiter westlich als heute gelegenen Bahnhof Mosbach mit ihrem Eilzug nach Würzburg. Das Gleis, das unten links sichtbar ist, gehört zur meterspurigen Strecke nach Mudau, die in Mosbach auf dem Bahnhofsvorplatz begann. Die Firma Gulba, die links für Büromaschinen und Büromöbel wirbt, ist auch heute noch in Mosbach ansässig und vertreibt Präsentationstechnik. Von der Eisenbahnstraße auf der anderen Gleisseite zweigt weiter links die Anton-Gmeinder-Straße ab, die zur dort ansässigen Lokfabrik führt.

99 7202 ist eine der vier auf der Schmalspurbahn Mosbach – Mudau eingesetzten C-Kuppler, die 1904 gebaut seit der Streckeneröffnung 1905 die einzigen Loks dort waren. Zum Aufnahmezeitpunkt im Dezember 1963 waren sie aber am Ende ihrer Laufbahn angekommen; im nächsten Jahr traten die neuen V 52 ihren Dienst an, die übrigens am Heimatort hergestellt wurden. Erstaunlich ist, dass alle vier 99^{720} und die beiden V 52 bis in die heutige Zeit existieren.

Mit nur 750 mm Spurweite und einem seinerzeit schon ausgesprochen spärlichen Zugverkehr wartet die Zabergäubahn von Lauffen nach Leonbronn auf. In Brackenheim ist 99 672 bei nebligem Wetter im Dezember 1963 mit einem GmP unterwegs. Der Lokführer genießt seine Zigarre.

99 701 zeigt sich hingegen am Betriebsmittelpunkt der wenige Kilometer entfernt liegenden Bottwartalbahn in Beilstein bei schönstem Sonnenschein neben dem markanten Lokschuppen. Die bullige Lok hat den Rauchkammerzentralverschluss bis dato gerettet. Jeder Zentimeter an diesen Loks ist zugebaut.

99 701
99 701

Das Schmalspurzeitalter der Zabergäubahn von Lauffen nach Leonbronn geht im Mai 1964 zu Ende. In zähem Ringen wurde erreicht, dass nach Umbau auf Normalspur die Linie zunächst doch weiter betrieben wurde. Die Schmalspur-Abschiedsfahrt fand mit 99 716 statt, die aus diesem Anlass auf beiden Wasserkästen mit Abschiedsgrüßen verziert wurde. Der auf dem am 3. Mai 1964 in Lauffen (Neckar) aufgenommenen Bild sichtbare Spruch auf der Heizerseite zeigt vordergründig Dankbarkeit für den Weiterbestand der Bahn, hintergründig aber auch Spott über das Zaudern und Zögern auf dem Weg dorthin. Im Gegensatz zu dem auf der Lokführerseite angebrachten Gedicht war er bald wieder entfernt worden.

Wieder bei der Bottwartalbahn ist 99 704 im Bahnhof Heilbronn Süd als nördlichem Endpunkt der Bahn unterwegs. Die Aufnahme entstand anlässlich eines Besuches bei der Schmalspurbahn beim BDEF-Verbandstag am 8. Mai 1964.

39 196

Die Stuttgarter 39 196 hat mit einem BDEF-Sonderzug am 8. Mai 1964 Heilbronn Süd erreicht, wo die Fahrt mit der schmalspurigen Bottwartalbahn fortgesetzt wird. Die Lok wird mit den beiden Schwestern 39 035 und 39 254 als letzte ihrer Art 1967 ausgemustert werden. 39 196 wird dabei die letzte Lok mit den alten Windleitblechen sein.

Anlässlich der BDEF-Verbandstagung in Stuttgart sind am 9. Mai 1964 im dortigen Güterbahnhof zwei der letzten württembergischen Loks der DB ausgestellt. Die schmalspurige Malletlok 99 637 ist dabei auf den „Transportwagen für Schmalspurlok“ Karlsruhe 4004 verladen worden. Der vierachsige Wagen hat übrigens keine Drehgestelle.

75 042 war als letzte Vertreterin der württembergischen T5 beim Bw Aulendorf am 21. Juni 1963 z-gestellt worden. Beide Loks haben noch den DB-Keks erhalten.

Im Mai 1964 ist die Stuttgarter 39 148 mit ihrem Zug auf der Gäubahn unterwegs und durchfährt gerade den Bahnhof Böblingen (großes Bild). Diese Lok hat Witte-Windleitbleche, aber noch den ursprünglichen preußischen Tender der Bauart 2'2'T31,5.

39 035, die auf der Ausstellung zum BDEF-Verbandstag am 9. Mai 1964 im Stuttgarter Güterbahnhof zu sehen ist, zeigt die modernste Variante der P 10 mit Einheitstender, Witteblechen und Indusi.

Die hier beheimatete 78 444 verlässt an einem sonnigen Nachmittag im Mai 1964 den Essener Hbf mit einem Zug aus vierachsigen Umbauwagen in Richtung Westen. Das links neben der Lok sichtbare Haus der Technik ist ein genauso markanter Punkt zur Identifizierung, wie das aus dem Stahlgerippe oberhalb der Lok entstandene DB-Hochhaus, welches quasi wie ein Prellbock die dahinter liegenden Kopfgleise begrenzt (und 2018 wieder abgerissen wurde).

Rechte Seite: Die Gronauer 78 077 macht sich in Dortmund Hbf mit ihrem Personenzug im Mai 1964 auf den Weg in Richtung Dülmen. Nur wenige Züge fuhren die komplette Strecke weiter über Coesfeld in die Heimatstadt der T 18. Links im Hintergrund ist der Turm der Pauluskirche erkennbar.

Im Bild darunter setzt die Osnabrücker 01 1066 in Dortmund Hbf an ihren Zug, der bis hierhin im Mai 1964 von einer E-Lok gebracht worden ist. Im Gegensatz zu heute fuhren damals nur wenige Fernzüge in Richtung Hamburg über Dortmund. Die meisten nahmen den Weg über Essen – Wanne-Eickel – Recklinghausen oder über Hagen – Hamm

230
230

DB
01 1066

Die Strecke von Witten nach Dortmund schwenkt nördlich des Gleisbauhofes in einer 120°-Kurve gefolgt von einem Gegenbogen nach Osten. Die Osnabrücker 01 1068 legt sich an einem sonnigen Vormittag im Frühjahr 1964 vermutlich mit D 393 Köln – Hamburg in die Kurve des Gegenbogens und strebt dem nächsten Halt in Dortmund zu. An diesem Streckenabschnitt, nur gut zehn Minuten Fußweg von seiner Wohnung entfernt, hat Helmut Bittner besonders gerne fotografiert. Gleich nebenan liegt der Friedhof an der Marienstraße, wo Helmut Bittner und auch seine Eltern begraben sind.

Von der im Bild oben im Hintergrund sichtbaren Brücke ist eine weitere Aufnahme des gleichen Zuges ebenfalls Anfang 1964 entstanden (großes Foto rechts). Dieses Mal führt 01 1073, die wie die Schwester in Osnabrück beheimatet ist, den Zug über die gut 450 Kilometer lange Distanz von Köln bis Hamburg-Altona. Das Zugpaar D 393/394 ist neben dem F 33/34 „Gambrinus" damals der einzige Fernzug der Relation Köln – Hamburg, der den Abschnitt Hagen – Dortmund befährt. Dies wird sich mit Einführung der IC-Züge gründlich ändern.

01 168 ist vielen Eisenbahnfreunden als eine der letzten 01 der DB im Bw Hof bekannt. 1964 war sie für gut zwei Monate in Rheine beheimatet und bespannt hier im September 1964 den D 282 aus Münster. Bei schon tiefstehender Nachmittagssonne fährt der Zug am Zielort ein. Der Zug mit dem extrem kurzen Laufweg von knapp 90 Kilometern bringt Kurswagen aus dem D 310 Norddeich – Köln mit und gibt sie an den D 82 Düsseldorf – Frankfurt weiter. An der Spitze des Zuges ist ein Behelfspackwagen eingereiht.

Seite rechts: Beim Bw Hagen Gbf wurden 1970 die letzten G 10 der DB ausgemustert. Als 57 2053 sechs Jahre zuvor in Hagen Hbf aufgenommen wurde, war die Welt für die Baureihe in ihrer Heimatstadt noch in Ordnung. Im Folgejahr wurden allerdings mit der Elektrifizierung der Ruhr-Sieg-Strecke zahlreiche Dampfloks frei, die die älteren Maschinen aufs Abstellgleis verdrängten, was auch zur Ausmusterung der 57 2053 führte. Die Lok trägt übrigens auf dem Bild das Kürzel DB als aufgemalte Buchstaben. Für zahlreiche alte Preußen reichte es nicht mehr zum richtigen DB-Keks.

Nach der Elektrifizierung der Nord-Süd-Strecke 1963 wurden die 01^{10} aus Bebra abgezogen, während die 44 dem Standort bis zur Elektrifizierung der Strecke nach Kassel 1966 treu blieben. 44 094 ist im Dezember 1964 für das Nachschieben des D 197 Mönchengladbach – Leipzig in Richtung Gerstungen zuständig. Gegenüber der Aufnahme auf Seite 25 hat die Lok mittlerweile die Umlaufschürze eingebüßt. Vorne am Zug arbeitet vermutlich eine Erfurter 01^{5}.

Rechts: Aus Kassel hat im Dezember 1964 die kohlegefeuerte 01 1087 den sogenannten Interzonenzug D 197 Mönchengladbach – Leipzig nach Bebra gebracht, wo er nun von einer Reichsbahn-Lok für die Weiterfahrt in die DDR übernommen wird, die nach einem gut halbstündigen Aufenthalt ansteht.

01 1087

Auf der Hönebacher Rampe wurden die schweren Schnellzüge in die DDR von Bebraer 44 nachgeschoben. Hier hat 44 087 hinter dem D 199 Frankfurt – Leipzig im Dezember 1964 den kleinen Ort Weiterode unmittelbar südöstlich von Bebra erreicht

Rechts: Den Zugschluss des D 1099 bilden ein Lowa-Mitteleinstiegswagen und ein modernisierter Gepäckwagen. Dahinter leistet auch diesmal 44 087 des Bw Bebra im Dezember 1964 kräftig Schubhilfe. Im Bildhintergrund markieren die Quertragewerke die Lage des Güterbahnhofs.

Im Januar 1966 verlässt die Ottbergener 44 1128 mit ihrem Güterzug Göttingen in Richtung Norden und wird wenige hundert Meter weiter nach Westen in ihre Heimat abbiegen. Die Lok wird bereits im Folgejahr ausgemustert werden.

Rechts: 44 1131 gehört zu den in Bebra beheimateten ölgefeuerten Maschinen. Sie ist hier im Dezember 1964 mit einem Güterzug in der Verbindungskurve aus Richtung Bad Hersfeld nach Hönebach unterwegs. Die beiden ersten Wagen verdienen besondere Beachtung.

44 1131

ZWEIBRÜCKEN HBF

Im Bahnhof Zweibrücken ist im Dezember 1964 die Trierer 03 015 mit D 131 Saarbrücken – München eingetroffen und macht sich nach kurzem Halt auf die Weiterfahrt nach Pirmasens und Landau, von wo die Fahrt über Karlsruhe und Stuttgart weitergeht. Die 1932 von der BMAG in Berlin gebaute Lok wird Anfang April 1965 z-gestellt und noch im selben Jahr ausgemustert.

Die Brücke der Eckeseyer Straße in Hagen war ein beliebter Fotostandpunkt, weil man ein paar Meter weiter unter anderem Einblick in das Betriebswerk hatte. Hier geht der Blick aber in Richtung auf die nördliche Bahnhofsausfahrt, wo 78 383 im Juni 1965 ihr Heimat-Bw mit dem nachmittäglichen Personenzug 3928 über Hattingen nach Essen passiert.

Rechts: Am Hagener Güterbahnhof vorbei ist die Bestwiger 38 2225 im Mai 1965 mit dem am frühen Nachmittag verkehrenden Personenzug 2249 von Hagen über Bestwig nach Warburg unterwegs. Vier dreiachsige Umbauwagen repräsentieren einen klassischen Bundesbahn-Personenzug Mitte der 1960er Jahre.

1966/1967

Am 21. September 1966 ist 03 1021 am Ende ihrer Karriere angekommen, was auch durch die Rauchkammeraufschrift „LETZTE FAHRT" dokumentiert wird. Sie hatte zuvor den E 316 aus Göttingen gebracht und ihn zur Weiterfahrt nach Aachen an eine E-Lok übergeben. Nun ist sie in ihrem Heimat-Betriebswerk angekommen, wo sie von der höher gelegenen Eckeseyer Straße vor dem recht heruntergekommenen Rechteckschuppen aufgenommen wurde. Die Lok trägt übrigens die Borsig-Fabriknummer 15001. Die Jubiläumsnummer 15000 fuhr mit 03 1020 in der DDR noch etliche Jahre länger.

Am 18. September 1966 wartet 03 1045 in Schwerte um kurz vor 12 Uhr auf die Abfahrt mit E 316 mit dem heute undenkbaren Laufweg Göttingen – Altenbeken – Soest – Hagen – Aachen. Die Beförderung auf den ersten 200 Kilometern bis Hagen war dabei Aufgabe der 03^{10}. Am Tender sind die Kohlenkastenabdeckklappen geschlossen, was eher selten war.

03 1050 bespannt an einem trüben Septembertag 1966 den E 4716 Warburg – Mönchengladbach und wartet im Bahnhof Schwerte auf die Beendigung des Ladegeschäftes.

Bilder Seite rechts: Am 22. September 1966 hat der Lokführer der 03 1011 bei der Abfahrt mit E 529 im Bahnhof Schwerte die Zylinderventile geöffnet. Die Lok hat den aus Aachen kommenden Zug vor wenigen Minuten in Hagen übernommen und wird ihn über Bestwig nach Scherfede bringen, von wo aus sie mit dem vorderen Zugteil als E 429 über Warburg nach Kassel fährt. Der Rest des Zuges läuft unter alter Zugnummer über Holzminden und Goslar nach Braunschweig. Der Kilometerstein 155,7 gehört zu einer Verbindung Aachen – Berlin über Mönchengladbach, Düsseldorf, Wuppertal und weiter über Soest und Holzminden.

03 1076 bereitet sich im Bw Warburg am 25. September 1966 auf ihre letzte Fuhre vor und wird um kurz nach elf Uhr mit dem E 682 nach Schwerte aufbrechen, von wo aus sie den vorderen Zugteil als E 882 nach Hagen befördert, während der hintere als E 682 nach Dortmund fährt. In Hagen wird 03 1076 danach z-gestellt.

03 1011
155
7

03 1076
Letzte
Fahrt!

Die Braunschweiger 03 249 hat den E 529 Aachen – Braunschweig, den wir auf der Vorseite mit 03^{10} kennen gelernt haben, in Kreiensen übernommen und wird ihn über Goslar, wo die Aufnahmen auf dieser Doppelseite entstanden sind, und Vienenburg an den Zielort bringen. Nebenan stellt die Hannoveraner 01 166 mit dem um 13:41 angekommenen E 586 aus Bremen wenige Minuten später den Anschluss nach Bad Harzburg sicher, wohin sie nach fünfzehnminütigem Halt aufbrechen wird.

B
AUFSICHT
01 166
2

Am selben trüben Februartag des Jahres 1966 verlässt die Hannoveraner 01 178 mit E 291 Bentheim – Bad Harzburg die alte Kaiserstadt Goslar und wird den Zielbahnhof in elf Kilometern nach vierzehn Minuten Fahrzeit erreicht haben. Der Ausgangsort des Zuges wird erst gut dreizehn Jahre später den Zusatz „Bad" bekommen.

01 166 ist mit dem Eilzug aus Bremen in Bad Harzburg angekommen und bringt jetzt die Wagengarnitur in die Abstellgruppe östlich der Bahnsteiggleise. Der Kilometerstein 31,9 stammt von der Verbindung Heudeber-Danstedt – Wernigerode – Ilsenburg – Stapelburg – Bad Harzburg – Oker, die 1945 durch die Grenzziehung unterbrochen und nach der Wende ab Stapelburg nach Vienenburg wieder aufgebaut wurde.

Am Ostkopf des Hildesheimer Hauptbahnhofes führt die Ohlendorfer Straße auf einer Brücke über die Gleise. Von hier aus geht der Blick nach Westen auf den im Februar 1966 mit der Hannoveraner 01 217 am frühen Nachmittag ausfahrenden E 291 Bentheim – Bad Harzburg. Die Gleise ganz rechts im Bild schwenken hinter der Brücke nach Norden in Richtung Lehrte.

03 249 ist im Februar 1966 mit einem Zug aus Braunschweig in Hildesheim angekommen und hat abgespannt, um ins Betriebswerk zu fahren. Der Zug ist vermutlich E 454 Braunschweig – Kassel, der ab Hildesheim elektrisch bespannt wird. Bei der im Hintergrund sichtbaren eigentümlichen Hallenkonstruktion handelt es sich um das über das Gleis ragende Bahnsteigdach, welches an das auf dem Zwischenbahnsteig stehende kleine Empfangsgebäude angebaut ist. Die Länge der Halle ist jedoch arg kurz geraten und bietet nicht wirklich viel Schutz vor dem bei der Aufnahme herrschenden Wetter.

Ebenfalls im Februar 1966 wartet die Braunschweiger 41 211 in Hildesheim Hbf mit ihrem Umbauwagenzug auf Abfahrt in Richtung Osten, bei der Ausfahrt unterquert sie auch die Brücke der Ohlendorfer Straße. Da die Zugnummer nicht überliefert ist bleibt unklar, ob der Zug nach Braunschweig oder südlich abbiegend in Richtung Derneburg fährt. 41 211 wird wenige Tage später am 1. März z-gestellt und noch im selben Jahr ausgemustert.

Die ab 1964 gebauten Triebwagen der Baureihe VT 24^6 wurden auch dem Bw Braunschweig zugeteilt. Hier trifft ein Exemplar vermutlich aus Braunschweig kommend im Februar 1966 in Hildesheim Hbf ein.

Im Bw Hildesheim wartet die seit Mai 1963 in Braunschweig beheimatete 03 266 im Februar 1966 auf ihren nächsten Einsatz. Nebenan steht einer der in der Region weit verbreiteten ETA 150.

DB
E03 001

E 03 001 ist im Mai 1966 aus Süden kommend als Vorspann vor einer E 41 in Hannover eingetroffen (Bild links). Vermutlich diente dies der Vermeidung einer Leerfahrt für die Überführung der in München beheimateten Lok zur Ausstellung nach Hannover. Denn anlässlich des BDEF-Verbandstages fand im Mai 1966 auf dem Güterbahnhof Hannover-Möhringsberg, der westlich des bekannteren Hauptgüterbahnhofes liegt, eine Fahrzeugausstellung statt. Am 19. Mai 1966 sind mit 18 323 und E 03 001 zwei edle Renner verschiedener Epochen zu sehen. Mit dabei ist auch der Kronprinzenwagen, der 1966 durch die Eisenbahnfreunde Hameln aufgearbeitet wurde. Den Fotografen an der Laterne links im Bild hätten die Sicherheitskräfte heute bereits fünf Meter weiter unten von seinem Tun abgehalten.

Die Mindener 23 102 fährt im Mai 1966 mit einem Personenzug aus Umbauwagen in Hannover Hbf ein. Vermutlich kommt sie aus dem Abstellbahnhof Pferdeturm und der Zug wird nach Minden fahren.

Die Hannoveraner Neubaukessellok 01 159 fährt im Mai 1966 mit einem weitgehend aus Silberlingen bestehenden Zug nach Osten aus. Links im Hintergrund sind mit Gepäckkarren und Wasserkran Utensilien zu sehen, die lange aus dem Eisenbahnalltag verschwunden sind.

Anlässlich eines Ausfluges des VdEF Wuppertal, dem Bellingrodtschen Verein, entstanden etliche Aufnahmen am 30. April 1966 in Osnabrück. Im Bw Osnabrück Hbf ist zwischen den beiden kohlegefeuerten 01 1078 und 01 1072 eine der letzten T 14^1 zu sehen. Zusammen mit ihren Osnabrücker Schwestern wurde 93 642 im September des Jahres nach Rheine weitergegeben.

Der Zustand von 93 998 lässt das nahe Ende erahnen. Immerhin ist sie aber am 30. April 1966 unter Dampf. Während bei der auf der Vorseite gezeigten 93 642 der Vorwärmer quer unter dem ersten Kesselschuss liegt, ist er bei 93 998 oberhalb des linken Zylinders auf dem so nicht mehr benutzbaren Umlaufblech angeordnet. Dies waren die beiden vorkommenden Varianten der Anbringung. Beide Loks tragen einen Kessel der letzten Bauart mit Speisedom.

41 105

Auf der Drehscheibe fotografierte Helmut Bittner die in Kirchweyhe beheimatete 41 060 mit Altbaukessel und Niettender 2'2'T32,5. Ungewöhnlich ist die exponierte Position der Glocke auf dem Kesselscheitel.

Links: Die ölgefeuerte Neubaukessellok 41 105 benötigt die Dienste der Bekohlungsanlage ihres Heimat-Bw Osnabrück Hbf nicht, ihre im Hintergrund sichtbare Kirchweyher Verwandte 41 253 mit Altbaukessel hingegen schon. Der auf Höhe der 41 253 befindliche Schlackensumpf und die davor angeordnete Löschegrube waren in Osnabrück so eingerichtet, dass ein Absteigen von der Lok auf der falschen Seite einen bösen Sturz verursacht hätte – heute sind solche Anordnungen undenkbar.

Zwischen den beiden Rundschuppen des Bw Osnabrück Hbf befand sich ein großer Wasserturm, von dem aus die Bilder dieser Doppelseite am 30. April 1966 entstanden. Insgesamt vier ölgefeuerte 41 sind zu sehen und eine Neubaukessel-01. Abgestellt sind zwei 93^5. Südlich davon steht auf demselben Gleis der Hilfszug, in dem ein modern wirkender Kranwagen und ein aus einem Hecht-Schlafwagen umgebauter Aufenthaltswagen eingereiht sind. Im oberen Bild ist links an der südlichen Drehscheibe das Gebäude der Lokleitung zu sehen, das auch heute noch steht, dahinter ein aus einem preußischen Schnellzugwagen umgebauter Bahndienstwagen. Auf dem unteren Bild sind die beiden gewaltigen Öltanks für den Brennstoff der ölgefeuerten Loks zu sehen, rechts davon die hochliegenden Gleise für die Kohlenwagen. Die Besiedlung des Areals westlich der Bahnanlagen mit Kleingärten hat sich bis heute nicht geändert.

Auf der nördlichen Drehscheibe wird gerade die Franco-Crosti-Lok 50 4017 aus Hamm gedreht. Zu diesem Zeitpunkt waren in Hamm noch acht und in Kirchweyhe dreizehn dieser Exoten im Einsatz. Zum Fahrplanwechsel Ende Mai 1966 wurden die Kirchweyher Loks von der Rollbahn abgezogen und beim Bw Rahden bis Anfang 1967 abgefahren. In Hamm war im Herbst 1966 mit ihnen Schluss.

Die Hammer 50 4018 wird auf der nördlichen Drehscheibe gedreht. Auf dem Bild ist gut der auf der Heizerseite in Lokmitte aus dem Vorwärmerkessel herausgeführte Schornstein zu sehen. Der Schornstein an der gewohnten Stelle auf der Rauchkammer wird nur beim Anheizen der Lok benötigt und im Betrieb durch einen Deckel verschlossen. Er verschwindet fast ganz hinter dem großen Mischvorwärmerkasten. Die Abdeckklappen des Kohlenkastens und das Leitblech am Führerhaus sollten das Eindringen des Abdampfes und Qualmes in das gegenüber der Serien-50 höher liegende Führerhaus vermeiden. Durch Probleme mit der Schließvorrichtung waren letztlich die Klappen meistens offen.

Auch 01 1097 präsentiert sich auf der nördlichen Drehscheibe. Die kohlegefeuerte Lok trägt, wie die meisten ihrer Schwestern, zu dieser Zeit noch den hohen einteiligen Schornstein, der kurze Zeit später bei der Mehrzahl dieser Loks durch einen flachen Schornstein wie bei den 01-Neubaukesselloks ersetzt wurde. Der Tender von 01 1097 besaß, wie auf S. 24 zu sehen, eine Zeit lang ebenfalls Kohlenkasten-abdeckklappen. Erkennbar ist dies noch an den Einbuchtungen für die Hubzylinder an der Oberkante des Wasserkastens in Tendermitte.

Der Zustand der ölgefeuerten 44 100 ist nicht der beste; dies ist vielleicht der Tatsache geschuldet, dass die Lok intensiv eingesetzt wird. Am 30. April 1966 hat sie noch gut zwei Jahre auf der Rollbahn vor sich, ehe sie noch weitere neun Jahre im Emsland bis zum Ende des DB-Dampfbetriebes im harten Alltagsbetrieb steht. Links ist erneut der ehemals preußische Schnellzugwagen als Bahndienstwagen erkennbar, davor zwei ehemalige Behelfspersonenwagen.

Rechte Seite: Im oberen Bahnhofsteil des Osnabrücker Hauptbahnhofes kommt die in Wanne-Eickel beheimatete 41 361 mit einem langen Güterzug von Norden herein. Sie hat den Zug hier von einer in Kirchweyhe oder Osnabrück beheimateten kohle- oder ölgefeuerten Schwester übernommen. Wie bei vielen der Kohle-41 mit Neubaukessel fehlt der Schornsteinaufsatz.

41 361

120

Wenige hundert Meter nördlich des Bw Osnabrück Hbf liegt an der Rollbahn die Blockstelle Schinkel, an der – als kleiner Abstecher von der VdEF-Veranstaltung vom 30. April 1966 – die Aufnahmen dieser Doppelseite entstanden sind. Aus Bremen stammt die ohne Schornsteinaufsatz fahrende 50 1654, die einen Güterzug nach Süden führt.

Die beiden anderen Bilder zeigen die in Bremen Hbf beheimatete 44 610, die mit einem Güterzug in Richtung ihrer Heimat unterwegs ist.

Zwischen Münster und Dortmund liegt der Bahnhof Ascheberg, in dem die in Rheine beheimatete 01 146 mit dem E 527 Köln – Bremerhaven im Juni 1966 einem wartenden Gegenzug begegnet, von dessen Lok aus diese Aufnahme gemacht wurde. Während zum Aufnahmezeitpunkt die erst 1928 eröffnete Strecke nur wenige Fernverkehrszüge aufzuweisen hatte, stellt sie heute – immer noch weitgehend eingleisig – die Hauptverbindung für Fernzüge von Norden in Richtung Ruhrgebiet und Köln dar.

Rechte Seite: In der Nähe von Münster muss sich die in Rheine beheimatete Schnellzuglok 01 194 im Juni 1966 nicht nur mit einer Güterzugleistung begnügen, sondern dies auch noch rückwärts. Der elektrische Betrieb wird sowohl von Hamm als auch von Haltern über Münster bis Osnabrück zum Winterfahrplan 1966/67 aufgenommen werden.

01 194

Am 10. September 1966 trifft die Osnabrücker 41 105 mit dem Personenzug 3322 aus Diepholz in Münster ein. Für die gut 100 Kilometer lange Strecke benötigt der Zug etwas mehr als zwei Stunden, wobei der Halt in Osnabrück knapp zwanzig Minuten dauert. Die Lok wird fünf Tage später nach Kirchweyhe abgegeben werden, was an ihrem Rollbahneinsatz nichts ändert.

In Köln-Deutzerfeld beheimatet ist 01 108, die hier am 17. September 1966 Münster Hbf vermutlich mit dem E 530 von Münster nach Essen um 13:08 Uhr verlässt. Der aus Vorkriegs-Eilzugwagen gebildete Zug fährt über die alte CME-Strecke via Dülmen – Haltern – Recklinghausen – Wanne-Eickel.

Am Stellwerk Nord des kleinen Bahnhofes Mersch etwa zwölf Kilometer nördlich von Hamm rauscht 01 134 aus Rheine mit dem D 65 Aachen – Norddeich Mole am Vormittag des 10. September 1966 vorbei, während die Osnabrücker 41 241 mit ihrem Güterzug die Überholung abwarten muss.

Rechte Seite: An einem heute natürlich nicht mehr existierenden kleinen Bahnübergang bei Kilometer 148,5 zwischen Drensteinfurt und Mersch ist die Münsteraner 50 319 mit einem vermutlich belgischen Militärzug am 10. September 1966 in Richtung Hamm unterwegs.

An derselben Stelle ist die Hamburger 03 136 zu sehen, die mit dem D 194 Hamburg – Aachen in Vertretung einer Osnabrücker 01^{10} unterwegs ist. Der Zug wird den ungewöhnlichen Weg über Hamm und Dortmund nehmen. Zwei Wochen später werden die Züge in Osnabrück auf E-Lok umgespannt.

50 319
148
5

03 136

Ende Oktober 1966 geben sich im Bw Hamm mehrere T 16^1 ein Stelldichein. 94 1153, 94 1250 und 94 1362 warten auf die nächsten Einsätze. Die mittlere besitzt einen Kessel ohne Speisedom, während bei 94 1153 wegen des tiefer angebrachten Nummernschildes noch die Reste des einst vorhandenen Rauchkammerzentralverschlusses zu sehen sind. Bei 94 1362 sind drei der sechs Vorreiber an der Rauchkammertür nicht angelegt. Ganz links ist eben noch eine G 8^1 der Baureihe 55^{25} zu erkennen.

Aus der anderen Richtung schauen wir hier auf dieselbe Szenerie wie auf der Vorseite. Links hat sich noch 94 1085 dazu gesellt und rechts eine unbekannte Schwesterlok. Bis auf 94 1085 haben alle Loks unten alte Lampen und nur an der Rauchkammer eine moderne Reflektorlampe.

Die beiden Hammer Franco-Crosti-Loks 50 4022 und 50 4031 zeigen diese ungewöhnliche Bauart mit dem relativ dünnen Normalkessel und dem darunter liegenden Vorwärmerkessel, in dem die Rauchgase zurück zur Lokmitte strömen und dabei das Speisewasser vorwärmen, ehe sie durch den Seitenschornstein ins Freie gelangen. Oben auf dem Kessel sitzt der Mischbehälter des zusätzlich vorhandenen Mischvorwärmers. Die beiden sieben Jahre zuvor umgebauten Loks zeigen interessante Unterschiede in der Konstruktion der Aufstiege zur Rauchkammertür. Das Trittbrett vor der unteren Kesseltür konnte bei 50 4022 nach unten geklappt werden, damit sich die Tür öffnen ließ; bei 50 4031 ist dieses Trittblech etwas höher angebracht und zweigeteilt nach oben klappbar. In der Mitte liegt es auf einem an der Kesseltür angebrachten Dorn auf. Die Aufnahmen im Bw Hamm entstanden im Oktober 1966, beide Loks werden im Folgejahr ausgemustert.

Die Paderborner 01 115 verlässt im Oktober 1966 den Bahnhof Hamm mit einem kurzen D-Zug, bei dem es sich vermutlich um D 393 Köln – Aalborg handelt, welcher kurz nach elf Uhr in Hamm abfährt. Hinter einem polnischen Hecht ist offenbar ein dänischer Wagen eingereiht. Der Bahnhof Hamm fiel übrigens in alter DB-Zeit durch seine ungewöhnlichen blauen Bahnhofsschilder mit weißer Schrift auf, wie ganz links gerade noch erkennbar. Heute ist diese Variante üblich.

Am 2. Juli 1966 ist D 73 Basel – Hamburg etwas verspätet, da er zwei Minuten nach dieser Aufnahme bereits in Kassel Hbf ankommen sollte und für die verbleibenden gut acht Kilometer deutlich länger brauchen wird. Die elektrische Fahrleitung weist darauf hin, dass ein knappes Vierteljahr später der elektrische Betrieb zwischen Kassel und Bebra aufgenommen wird.

Bilder links und rechts: Südlich des Bahnhofes Kassel-Oberzwehren gibt es eine Straßenbrücke, von der aus ebenfalls am 2. Juli 1966 der D 273 Freiburg – Hannover mit der Kasseler 01 1056 aufgenommen wurde. Planmäßig fährt dieser Zug etwa eine viertel Stunde vor dem D 73 und fungiert so mit seinem kürzeren Laufweg quasi wie ein Vorzug zum D 73. Aufgrund der Verspätung des letzteren war für den Fotografen der Standortwechsel zwischen den beiden Aufnahmen dieser Seite gut machbar.

Von derselben Brücke geht im Bild rechts der Blick nach Norden. Die Kasseler 41 016 legt sich mit dem Personenzug 1748 Kassel – Marburg in die Kurve. An erster Stelle läuft ein Neubau-Postwagen im Zug. Die Lok wechselt zwei Monate später nach Limburg und wird dort Mitte 1967 ausgemustert.

41 016

Im Bahnhof Guntershausen verzweigen sich die Strecken von Kassel nach Marburg und Bebra, wobei das Bahnhofsgebäude zwischen den beiden Streckenästen liegt. Auf der Ostseite führt die Kasseler 01 1098 den E 374 Osnabrück – München in Richtung Bebra. Auf seinem Weg bis hierhin hat der Zug bereits zweimal, nämlich in Altenbeken und Kassel, die Fahrtrichtung gewechselt. Ab Fulda verkehrt er als D-Zug. Viele der Kasseler Kohle-01^{10} erhielten übrigens wie 01 1098 schon 1966 den flachen Schornstein, während die meisten Osnabrücker Loks noch den hohen besaßen.

Links: Am 2. Juli 1966 durchfährt die Gießener 23 019 mit D 274 Hannover – Freiburg den Bahnhof auf der Westseite. Die Lok wird den Zug bis in ihre Heimatstadt befördern, wo ihn eine E-Lok übernimmt. Auf dem Uhrenturm ist die Betonplattform der im Zweiten Weltkrieg dort installierten Flak-Stellung zu erkennen.

Seit dem Beginn des Sommerfahrplans 1966 ist die ehemalige Essener 65 016 in Limburg stationiert. Am 1. September des Jahres verlässt sie Gießen mit dem aus zwei Dreiachser Umbau-Pärchen bestehenden Personenzug 1725 Frankfurt – Marburg, den sie hier von einer E-Lok übernommen hat.

Am 1. September 1966 befördert 66 001 den Personenzug 1737 Frankfurt – Kassel auf dem gerade mal 30 Kilometer langen Abschnitt Gießen – Marburg und hat ihr Ziel um kurz nach 13 Uhr fast erreicht (rechts). Eine Stunde später ist die Lok mit dem Gegenzug 1736 Kassel – Gießen auf dem Rückweg (oben). Beide Züge führen übrigens jeweils zwei Postwagen mit, was mit ein Grund dafür sein mag, dass der 1737 in Marburg eine dreiviertel Stunde Aufenthalt hat. 66 001 erlitt übrigens gut einen Monat später einen Treibstangenbruch, der das Aus für die Lok bedeutete.

23 019 wartet am 4. März 1967 in Marburg mit dem Personenzug 1737 Frankfurt – Kassel auf die Weiterfahrt. Für die 104 Kilometer bis zum Zielbahnhof wird der Zug gut zweidreiviertel Stunden benötigen und so auf diesem Abschnitt eine Reisegeschwindigkeit von 37 km/h erreichen. Bis auf Kassel-Kirchditmold hält Zug 1737 an jeder Station. Auf dem gesamten Laufweg von Frankfurt bis Kassel wird die Reisegeschwindigkeit nur 33 km/h betragen, da der Zug für die 200 Kilometer lange Strecke geschlagene sechs Stunden benötigt.

Rechte Seite: Der 25. Februar 1967 lädt mit kaltem, sonnigen Wetter zum Fotografieren ein, und das in drei Wochen anstehende Ende des Dampfbetriebes auf der Main-Weser-Bahn zwischen Kassel und Gießen ist ein weiterer Grund. Die Kasseler 01 1062 hat zwar nur den Personenzug 1728 Kassel – Marburg am Haken, aber das Streiflicht und die Dampfwolke lassen in Stadt Allendorf – damals noch in zwei Worten geschrieben – ein herrliches Bild entstehen. Beachtenswert ist der Güterwagen für die Stückgutbeförderung am Schluss des Zuges, bei dem das Gewicht der Lok das der Wagen um mindestens die Hälfte überschreitet.

01 1062

01 1061

Im März 1967 sind die letzten Tage des Dampfbetriebes zwischen Kassel und Gießen angebrochen. Der Block Wasserscheide sechs Kilometer östlich von Stadt Allendorf markiert die Grenze zwischen den Flusssystemen von Rhein und Weser. Die Dillenburger 44 1526 müht sich mit einem langen Güterzug zum Scheitelpunkt empor. Der Fotograf ist übrigens nicht allein unterwegs. Am Balkon der Blockstelle tummeln sich einige weitere Eisenbahnfreunde.

An derselben Stelle wird von der anderen Gleisseite die ölgefeuerte 01 1061 mit dem Schnellgüterzug 5195 nach Kassel am 11. März 1967 aufgenommen (Bild links). Die Lok wird Kassel als letzte ölgefeuerte 01^{10} im Mai 1967 nach Hamburg-Altona verlassen.

01 1104 legt sich am 12. März 1967 in Wiera südwestlich von Treysa mit dem E 570 Braunschweig – Wiesbaden in die Kurve. Auch diese Lok wird wenige Tage später in Kassel nicht mehr gebraucht und sich ab April auf der Marschbahn zwischen Hamburg und Westerland austoben können.

Bild rechts: 50 2512 verlässt am 4. März 1967 den Bahnhof Treysa mit einem nach Kassel fahrenden Güterzug. Auffallend ist, dass die Lok keine Windleitbleche hat. Da an der Rauchkammer schwach die Befestigungskonsolen für die Bleche erkennbar sind, ist davon auszugehen, dass die Entfernung der Bleche vermutlich aufgrund einer Beschädigung erfolgte. Der an erster Stelle laufende Wagen ist übrigens vom Personenwagen zum Güterzug-Packwagen degradiert worden.

Die ebenfalls in Treysa stationierte 50 1074 macht sich hier am 11. März 1967 mit dem Personenzug 1754 Kassel – Frankfurt nachmittags um halb fünf Uhr auf den Weg nach Süden. Beachtenswert ist die Schreibweise des Ortsnamens an der Brücke, über welche nach rechts und dann links abbiegend der Weg zum Betriebswerk führt. Alle dort noch stationierten achtzehn 50er gingen zum folgenden Fahrplanwechsel nach Kassel.

01 1081

An derselben Stelle wie 01 1081 ist die Dillenburger 44 1526 mit einem Güterzug nach Kassel unterwegs. Die Lok wird im April 1967 abgestellt und im Sommer 1967 ausgemustert. Das Bahnwärterhaus rechts von der Lok existiert übrigens noch heute.

Bild links: Zwischen Schlierbach und Treysa liegt das kleine Örtchen Allendorf – nicht zu verwechseln mit dem 25 Kilometer entfernten Stadt Allendorf. Dort rauscht 01 1081 am 12. März 1967 mit D 184 Wilhelmshaven – Basel an einem ehemaligen Bahnwärterhaus vorbei. In den Zug ist an dritter Stelle ein Speisewagen der Bauart 1928 eingereiht.

01 1102 verlässt nach einem kurzen Halt am 11. März 1967 nachmittags um kurz vor 16 Uhr Wabern mit dem D 284 Bremerhaven – Basel. Der an erster Stelle laufende DSG-Schlafwagen 22071 gehört zu einer Serie von zwanzig 1939 in Breslau gebauten Schürzenwagen mit 22 Schlafplätzen – dies ist auch aus den ersten beiden Ziffern der Wagennummer erkennbar. Der Wagen gehört nicht zum planmäßigen Park des D 284, welcher bereits kurz nach zehn Uhr abends seinen Zielbahnhof erreicht. Der auf dem Nachschuss erkennbare Fußgängersteg wurde im Rahmen der Elektrifizierung so errichtet und ermöglicht noch heute die Überquerung der Gleise.

01 1102

Diese Fotostelle ist heute nicht mehr erkennbar, denn der Bahnhof Kassel-Wilhelmshöhe hat sein Gesicht so gründlich verändert wie nur wenige Bahnhöfe. Am späten Vormittag eines trüben Februartages 1967 hat die Kohle-Lok 01 1098 mit dem D 849 Köln – Kassel den letzten Unterwegshalt erreicht, wo nur wenige Schnellzüge einen Stopp einlegten. Die Lok wechselte noch im Februar nach Osnabrück, kurz darauf nach Rheine und schließlich Braunschweig – ein deutliches Zeichen dafür, dass mit den Kohleloks keiner mehr recht was anzufangen wusste.

Rechts: Am 11. Februar 1967 hat sich der Fotograf unmittelbar nördlich des Bahnhofes Kassel-Wilhelmshöhe auf Position begeben und erlebt die Vorbeifahrt des D 284 Bremerhaven – Basel, der gegen halb vier Uhr den Hauptbahnhof verlassen hat und in Wilhelmshöhe durchfahren wird. Die Häuser im Hintergrund sind heute durch hohe Schallschutzwände verdeckt.

01 1100 hat sich in Kassel Hbf im Februar 1967 an den D 178 Hamburg – Frankfurt gesetzt und der Lokführer werkelt offenbar am Sandkasten; für ein gegebenenfalls notwendiges Nachfüllen des Vorrates wäre es hier allerdings zu spät. Ob die Fahrgäste, die im ersten Wagen aus dem Fenster schauen, Eisenbahnfreunde sind, die die letzten Einsätze der Dampfrösser auf der Main-Weser-Bahn erleben wollen?

Eine beliebte Fotostelle in Kassel war die Brücke der Tannenstraße über die Gleise des Hauptbahnhofes. An dieser Stelle beschleunigt am Mittag des 11. Februar 1967 die ölgefeuerte 44 1121 mit dem nur samstags fahrenden Personenzug 1452 nach Hümme. Für die leistungsstarke Güterzuglok sind die vier dreiachsigen Umbauwagen eine geringe Herausforderung. Der Fahrplan veranschlagt aber für die 32 Kilometer lange Fahrt satte 47 Minuten.

Im Februar 1967 waren in Bestwig gerade mal noch zwei P 8 betriebsfähig. 38 3362, die hier mit dem Personenzug 2678 nach Warburg in Obervellmar auf Abfahrt wartet, wurde am 20. März 1967 als letzte abgestellt.

Die ölgefeuerten 44 des Bw Kassel waren nicht nur auf der Main-Weser-Bahn anzutreffen sondern auch auf der Verbindung Kassel – Hamm. So ist 44 087 hier am 11. Februar 1967 mit ihrem Güterzug bei Borlinghausen zwischen Altenbeken und Warburg unterwegs in Richtung Kassel.

Links: In Hofgeismar ist am 11. Februar 1967 die vorletzte in Bestwig eingesetzte P 8 zu sehen. 38 3603 ist um kurz nach 12 Uhr mit dem Personenzug 2675 Warburg – Kassel eingetroffen. Neun Tage später wird die Lok z-gestellt und wie ihre Schwestern in Bestwig von der Baureihe 23 abgelöst, die seit Sommer 1965 dort heimisch war.

44 087

In Altenbeken war ein bevorzugter Fotostandpunkt natürlich der große Viadukt westlich des Bahnhofes. Hier hat sich der Fotograf hingegen an der Ausfahrt in Richtung Kassel positioniert und erlebt am Vormittag des 11. Februar 1967 die donnernde Vorbeifahrt der Kasseler 44 087 mit ihrem Güterzug, die uns schon von der Vorseite her bekannt sind. Im großen Bild ist die sogenannte Kurve 200 zu sehen, die seit 1958 eine Fahrt Hannover – Kassel ohne Fahrtrichtungswechsel in Altenbeken ermöglicht. Die Rehbergstraße überquert beide Strecken auf einer Brücke, im Nachschuss ist am Bildrand gerade noch die Brücke der Ahornstraße erkennbar. Der Standort des Fotografen ist heute aufgrund üppiger Vegetation unerreichbar.

Bremer 03 kamen mit dem Zugpaar E 450/449 nach Altenbeken. Da die Ankunft aber spät abends und die Abfahrt kurz vor 6 Uhr am Morgen stattfand, wird das Bild der 03 149 am Samstag, dem 1. April 1967 bei Tageslicht vermutlich anlässlich eines Schadens an der Lok entstanden sein, sodass eine Ersatzlok nach Bremen aufgebrochen ist.

Am trüben 25. November 1967 geben sich im Bw Altenbeken die Hamelner 50 2392, 44 070 aus Ottbergen und 01 206 aus Hannover ein Stelldichein (ganz oben). Und im Bild darunter hat 01 166 des Bw Hannover Hgbf am 1. April 1967 Kurswagen Altenbeken – Osnabrück für den E 387 auf dem Stumpfgleis 32 bereitgestellt. Die Lok wird übrigens drei Tage später z-gestellt.

Diese herrliche Aufnahme mit 01 230 am 28. Oktober 1967 im Bahnhof Altenbeken auf Gleis 101 ist betrieblich kurz nach der Aufnahme der Vorseite entstanden. Um kurz nach halb zehn Uhr ist aus Kassel der E 387 Bebra – Osnabrück eingefahren. Die Paderborner Lok hat sich nun ans Zugende gesetzt, um die drei bis vier für Osnabrück bestimmten Wagen abzuziehen und an die auf dem Stumpfgleis 32 stehenden Altbauwagen zu setzen, von wo sie eine viertel Stunde nach Ankunft des Zuges zum Zielort abfahren wird; üblich war in diesem Kurs eine Hannoveraner 01. Der Rest des E 387 fährt als E 687 weiter über Hamm und Münster nach Rheine. Der E 387/687 ist zwischen Kassel und Münster die letzte der 10 001 verbliebene Planleistung; dass sie an diesem Tag am Zug war ist eher unwahrscheinlich.

Mit dem für die 01-Neubaukessel-Lok typischen Dampfkranz oberhalb der Rauchkammer verlässt die Paderborner 01 115 am 1. April 1967 ihren Heimatort mit dem aus vierachsigen Umbauwagen bestehenden Personenzug 2438 nach Hamm .

In klassischer Standardaufnahme (Bild links) porträtiert der Fotograf im Bw Paderborn im April 1967 die hier beheimatete 01 232; sie ist die letzte gebaute 01, da die folgenden Nummern bis 01 241 von den aus 02 umgebauten Loks belegt wurden. Die 01 232 wird wenige Wochen später im Alter von 29 Jahren ihren Dienst quittieren.

Am 1. Juli 1967, als die Aufnahmen dieser Seite im Bw Soest gemacht wurden, ist die Ära der Franco-Crosti-Lokomotiven der Baureihe 50^{40} bei der DB vorbei. In Hamm sind die meisten Loks im November des Vorjahres bereits ausgemustert worden. Die allerletzte, 50 4031, wird am 5. Juli 1967 folgen, ist aber auch schon außer Dienst. In der Reihe der auf die Verschrottung wartenden Loks hat der Fotograf es auf den Erstling abgesehen. Bei der schon vor zehn Monaten wegen eines Rahmenbruches abgestellten Lok hat man sich nicht mehr die Mühe gemacht, aus dem „z" ein „a" zu machen. 50 4001 unterscheidet sich von den anderen Loks nicht nur dadurch, dass sie von 1954–58 trotz Umbau unter ihrer alten Nummer 50 1412 lief, sondern auch durch den Oberflächenvorwärmer; alle anderen Loks hatten einen Mischvorwärmer, welchen man bei der hinter der 4001 stehenden Lok auf der Rauchkammer erkennen kann.

Westlich von Soest kommt die Hammer 44 1367 am 1. Juli 1967 beim Block Hattropholsen mit einem Güterzug in Richtung ihrer Heimat am Fotografen vorbeigefahren. Die beiden ersten offenen Güterwagen mit ungewöhnlich niedrigen Bordwänden sind mit Holzbohlen beladen, die bemerkenswert wackelig gesichert sind.

Am 29. April 1967 ist die Paderborner Neubaukessel-Lok 01 232 mit dem D 197 Mönchengladbach – Leipzig bei Hamm unterwegs. Seit der Abfahrt um neun Uhr ist der Zug gut zwei Stunden schon unterwegs und wird weitere zehn Stunden später am Zielort ankommen. Zwischendrin wechselt bei einem halbstündigen Aufenthalt in Bebra die Zuständigkeit für den Zug von der DB zur DR. Der Zug wurde übrigens zwischen Hamm und Kassel oft von V 300 001 befördert.

Die Osnabrücker 01 1096 hat am Morgen des 15. April 1967 soeben Hamm mit dem D 65 Aachen – Norddeich verlassen und kommt bei Bockum-Hövel am Fotografen vorbei. Die Sonne steht fast genau in der Gleisachse und beleuchtet die Dampffahne von oben. Ob der Zug an seinem Zielort auch die letzten 400 Streckenmeter bis auf die Mole zurücklegt, hängt davon ab, ob an diesem Tag ein Schiffsanschluss besteht. Das Kursbuch verzeichnet für diesen letzten Abschnitt übrigens fünf Minuten. Das ist etwa Schrittgeschwindigkeit.

Die mit Umlaufschürze ausgestattete 44 218 ist im April 1967 mit einem Zug aus Großraumwagen bei Münster unterwegs. Bis zum 10. April 1967 gehörte die Lok zum Betriebswerk Osnabrück Rbf, danach wechselte sie nach Emden, von wo aus sie sicherlich in Richtung Ruhrgebiet unterwegs ist. Der Kilometerstein 175 rechts am Bildrand weist auf den Abschnitt Sprakel – Münster hin.

Bilder Seite links: Auf halber Strecke zwischen Hamm und Münster liegt Drensteinfurt, wo die 01 1069 des Bw Rheine am frühen Samstagabend des 20. Mai 1967 mit D 533 Saarbrücken – Emden vorbeirauscht. Seit dem Winterfahrplan 1966/67 wird die Strecke auch elektrisch befahren.

Nördlich von Münster ist 44 669 mit einem Zug aus E-Wagen im April 1967 von Emden nach Süden unterwegs. Die Lok trägt übrigens zu diesem Zeitpunkt noch keine Indusi.

Bild oben: Am 2. Juli 1967 wartet die Rheiner 01 1070 frisch bekohlt im Bw Münster auf den nächsten Einsatz. Hinter dem Tender erhebt sich die auf einer filigranen Brückenkonstruktion thronende Besandungsanlage.

01 1086

Nur knapp vierzig Minuten nach ihrer Ankunft mit D 66 macht sich 01 1086 am 2. Juli 1967 wieder auf die Reise nach Norden. Ihre Schwester 01 1070 ist vermutlich nicht wegen der Zuglast des E 733 Essen – Norddeich mit von der Partie. Der Fotograf fährt die gut fünfzehn Kilometer bis zum nächsten Halt in Greven mit und verabschiedet den Zug mit einem Nachschuss.

Seite links: Die seit Anfang April 1967 in Rheine beheimatete 01 1086 hat mit D 66 Norddeich Mole – Aachen den Endpunkt ihres Einsatzes vor diesem Zug fast erreicht, als sie am 2. Juli 1967 in der nördlichen Einfahrt von Münster Hbf im Bild festgehalten wird. Im Gegensatz zu etlichen Schwesterloks trägt die ehemalige Kasseler Maschine schon den flachen Schornstein.

Der Personenzug 2540 fährt nachmittags über die knapp 70 Kilometer lange Distanz von Osnabrück nach Bentheim. Auf den ersten 48 Kilometern hatte am 3. Juni 1967 die Oldenburger 23 057 die Bespannung übernommen. Den Rest der Strecke bewältigt die in Rheine beheimatete 41 253 in Rückwärtsfahrt. Für den Lokwechsel sind zwölf Minuten veranschlagt, während derer der Fotograf den Bahnsteig wechselt. 41 253 trägt übrigens eine Nummer, bei der die Ziffern von 1 bis 5 jeweils einmal vorkommen. Bei ihrer späteren Computer-Nummer 041 253-6 waren es die Ziffern von 0 bis 6.

Im Mai 1967 fällt 41 015 im Bw Rheine durch den fehlenden Schornsteinaufsatz auf. Ihre zweite Besonderheit, den Kurztender der Bauart 2'2T30, versteckt sie hingegen ein wenig.

Von Borsig wurde 1942 die 44 1263 mit einem Versuchs-Wannentender der Bauart 2'2'T34 geliefert, der nach dem Krieg lange Jahre mit 44 1267 gekuppelt war. Auf der ebenfalls im Mai 1967 im Bw Rheine entstandenen Aufnahme ist die eigentümliche Bauart gut erkennbar. Die Lok ist mit Indusi ausgerüstet, was damals noch nicht bei jeder Lok der Baureihen 44 oder 50 gegeben war.

Auch die hier beheimatete 41 192 ist im Mai 1967 im Bw Rheine mit dem Kurztender gekuppelt. Dies war in Rheine bei 01, 03 und 41 verbreitet, damit ein Drehen auf den nur zwanzig Meter langen Drehscheiben in niederländischen Betriebswerken möglich war. Diese Tender waren einst in verschiedenen Ausführungen mit den ersten je zehn 01 und 02 sowie den ersten 03 und diversen 41 geliefert worden.

Etwas außerhalb des Bw Osnabrück Rbf gab es zwischen den Ausfahrgleisen aus dem Rangierbahnhof und dem Flüsschen Hase ein paar Abstellgleise, auf denen im Mai 1967 23 084, 50 1513 und 23 092 abgestellt sind. Während die 50 noch im Sommer 1967 ausgemustert wird, steht den 23 noch eine Restlaufzeit in Crailsheim und Emden bevor. Die im Hintergrund zu sehenden Hallen der Klöckner-Werke existieren heute genauso wenig wie die gezeigten Loks.

Im Bild rechts erreicht 23 057 am Samstag, dem 3. Juni 1967 mit dem Personenzug 2540 nach Bentheim den Bahnhof Osnabrück-Eversburg und hat damit die ersten fünf Kilometer hinter sich gebracht.

Am 28. Oktober 1967 ist die Paderborner 01 230 um 11:28 Uhr in Osnabrück Hbf unten mit dem E 387 aus Bebra angekommen. Sie hat den Zug in Vertretung einer Hannoveraner Kollegin in Altenbeken übernommen und in eindreiviertel Stunden die knapp 120 Kilometer an den Zielort befördert. Gemeinsam mit der Aufnahme von Seite 121 ist belegbar, dass der Fotograf mit im Zug war.

Der morgendliche Personenzug 2509 legt gerade mal eine Strecke von 26 Kilometern zwischen Ibbenbüren und Osnabrück zurück. Am 3. Juni 1967 hat der aus Vorkriegs-Packwagen und dreiachsigen Umbauwagen bestehende Zug mit der nur zweieinhalb Monate in Rheine beheimateten 41 060 sein Ziel erreicht. Die Lok ist wie etliche ihrer Schwestern mit einem Kurztender gekuppelt. Einige Gleise weiter wartet eine 44 auf Ausfahrt in Richtung Rheine.

Am sonnigen 27. Mai 1967 ist die in Hannover beheimatete 01 223 mit dem E 387 Bebra – Osnabrück in Bünde eingetroffen und hat noch knapp 40 Kilometer bis zum Ziel vor sich. Im Zug ist an vorletzter Stelle, wo normalerweise wie beim vierten Wagen ein Eilzugwagen der Gruppe 30 eingereiht wäre, ein vierachsiger Umbauwagen vorhanden. Die Lok ist übrigens eine der letzten mit Rollenlagern an den Stangen ausgerüstete 01, von denen es Mitte der 1960er Jahre einige in Hannover gab.

Der 27. Mai 1967 ist der letzte Tag des Winterfahrplans und damit der letzte Einsatztag der Franco-Crosti-Lok 50 4028 vom Bw Rahden aus. Um kurz nach ein Uhr mittags wartet sie in Bielefeld Hbf mit dem Personenzug 1377 auf die in wenigen Minuten anstehende letzte Abfahrt nach Rahden, wo sie gemeinsam mit den beiden letzten Schwestern wenige Tage später z-gestellt wird. Rechts einer der Silberlings-Steuerwagen mit dem sehr engen Führerstand neben der Durchgangstür.

Als die Trierer 01 051 am Morgen des 15. Mai 1967 in Jünkerath mit D 152 Köln – Saarbrücken auf die Weiterfahrt wartet, ist es fast genau ein Jahr her, dass die letzten hier beheimateten P 10, 39 009 und 39 204, abgestellt wurden und auch diese Zugleistung an die 01 abgeben mussten. Aber auch 01 051 wird fast genau ein Jahr nach dieser Aufnahme bereits z-gestellt.

Mit dem Nahverkehrszug 3530 ist 01 067 am 13. Mai 1967 vor wenigen Minuten in Köln gestartet, als sie laut Angabe des Fotografen am Haltepunkt Kierberg bei Brühl vorbeikommt. Fast genau sieben Monate später entstehen unter Leitung von Johannes C. Klossek auf dem Führerstand dieser Lok vor dem N 3532 bei Kall bemerkenswerte Stereo-Tonaufnahmen, die wiederum zwei Jahre später auf einer Langspielplatte den Weg in viele Wohnzimmer der Fangemeinde finden.

Am selben Tag ist die Schwesterlok 01 111 mit dem E 554 Münster – Saarbrücken bei Liblar unterwegs (Bild rechts). Genau acht Monate später wechselt die Lok nach Hof, wo sie zu den letzten DB-01 gehören wird. Heute kann sie im DDM in Neuenmarkt-Wirsberg bestaunt werden.

Im Bw Gerolstein sind auch heute noch Dampflokomotiven anzutreffen. Als die Trierer 01 067 am Vormittag des sonnigen 15. Mai 1967 hier Station macht, konnte das noch niemand erahnen.

01 073 hat soeben den Bahnhof Gerolstein verlassen und ist am Nachmittag des 15. Mai 1967 mit dem E 554 Münster – Saarbrücken auf der Eifelbahn unterwegs. In ihrem Heimatort Trier wird das Jünkerather Personal den Zug an die Trierer Kollegen übergeben. Die Lok ist übrigens eine der letzten DB-01 mit einem provisorischen Führerhausdachlüfter nach Bauart der Kriegsloks.

Die Mayener 50 065 ist in Pelm am Pfingstmontag, dem 15. Mai 1967 mit dem P 3635 Gerolstein – Andernach als Schienenbusersatz über die Eifelquerbahn unterwegs. Die zweigleisige Strecke im Vordergrund ist die Eifelbahn nach Köln, während die 50 den ersten Höhenmeter in Richtung Daun erklommen hat. Die Brücke im Hintergrund überspannt hier die beiden Bahnlinien und dahinter die Kyll. Gut vier Monate später wird die Lok, die Mitte der 1950er Jahre einen 52-Kessel erhalten hatte, z-gestellt. Die Kursbuch-Streckentabelle 248m enthielt übrigens damals noch die Fortsetzung über Gerolstein hinaus bis nach Pronsfeld und Neuerburg. Die weitere Verbindung nach St. Vith gab es natürlich nicht mehr.

Der E 575, den die Trierer 01 111 hier am Vormittag des 25. Mai 1967 bei Limburg bespannt, ist ein Quer-durchs-Land-Eilzug mit dem Laufweg Trier – Koblenz – Gießen – Kassel – Hamburg – Westerland. Die 01 bespannt den Zug auf den ersten 228 Kilometern bis Gießen, wobei sie für diese Vormittagstour dreidreiviertel Stunden benötigt und bis zur Rückleistung mit E 576 siebeneinhalb Stunden auswärts verbringt. Die Aufnahme entstand exakt an der Direktionsgrenze zwischen den BD Mainz und BD Frankfurt bei Kilometer 54,3 östlich von Diez.

Im Bw Dillenburg gab es zwei Drehscheiben, von denen an der südlichen kein Lokschuppen gebaut wurde. Im Februar 1967 sind diverse Dampfloks der Baureihen 44 und 50 abgestellt. Etwas versteckt ist eine 65 zu erkennen, zwei Schienenbusse und mehrere E 40 sowie im Bahnhof eine nach Süden ausfahrende 50 mit Güterzug sind ebenfalls zugegen. Im Vordergrund des großen Fotos ist das am Haltepunkt Adolfshütte der Scheldetalbahn abzweigende Anschlussgleis zur Isabellenhütte zu sehen. Rechts im Hintergrund der Ringlokschuppen an Drehscheibe 1. Das wuchtig wirkende Gebäude in Bildmitte ist die Lokleitung.

Ende 1967 haben sich an den Strahlengleisen der südlichen Drehscheibe (kleines Foto) neben 94 1539 mit blanken Kesselringen drei Schwesterloks sowie zwei 03er und eine 50 versammelt. Die beiden Pwg14 sind am Ende ihrer Laufbahn angekommen und in weißer Farbe mit einem großen „A" für „ausgemustert" gekennzeichnet.

Am sonnigen aber kalten 18. November 1967 wird die Betzdorfer 44 949 auf der Drehscheibe gedreht (oben). Wenige Tage vor dieser Aufnahme war 65 009 nach ihrem knapp halbjährigen Einsatz in Dillenburg wegen eines Rahmenbruches z-gestellt worden (links). 65 010 ist an diesem Tag im Rangierdienst eingesetzt (großes Foto), dem einzigen Einsatzzweck dieser Baureihe in Dillenburg. Durch die 65 wurden 1967 die 55^{25} in diesen Diensten abgelöst. Im Folgejahr erfolgte die Ablösung in umgekehrter Richtung. Nur eine der vier Dillenburger 65 durfte anschließend in Darmstadt und Aschaffenburg noch einer vernünftigen Beschäftigung nachgehen.

Der Ringlokschuppen an Drehscheibe 1 beherbergt am 18. Februar 1967 die Loks 50 1834, 94 1539, 55 5177, 44 1401, 50 1324, 50 763 und eine unbekannte 94. Alle Loks sind in Dillenburg beheimatet. Ausgerechnet die jüngste Lok, 44 1401, wird drei Tage später nach nur gut 24 Dienstjahren z-gestellt.

In der tiefstehenden Wintersonne des 18. Februar 1967 stehen 65 008 und 50 002 auf den Freigleisen an der Drehscheibe 2. 65 008 war erst vier Wochen zuvor am 20. Januar nach einer Untersuchung in Trier nach Dillenburg gekommen. Interessanterweise ist aber an der Pufferbohle die Anschrift „Unt Tr. 20.11.66" zu lesen.

Die gut 32 Kilometer lange Scheldetalbahn von Dillenburg nach Wallau bot mit den Dillenburger 94[5], die wegen des zwischen Herrnberg und Hirzenhain befindlichen Steilstreckenabschnittes mit Gegendruckbremse ausgerüstet waren, interessanten Betrieb. 94 1080 hat mit Zug 3170 aus Biedenkopf ihr Ziel Dillenburg fast erreicht, als sie am frühen Nachmittag des 18. November 1967 im Haltepunkt Adolfshütte abfährt. Rechts unten im Tal ist die Dampffahne eines Zuges auf der Dillstrecke zu sehen.

Seite rechts: 94 1533 hat am 18. November 1967 Dillenburg soeben mit Zug 3175 nach Gönnern verlassen und die ersten Höhenmeter vor dem Haltepunkt Adolfshütte erklommen. Links im Hintergrund liegt Dillenburg.

94 1533
1
2

Die meisten die Scheldetalbahn befahrenden Züge wurden bis Biedenkopf durchgebunden. Dort steht 94 1080 mit dem Zug 3170 nach Dillenburg am sonnigen 18. November 1967 zur Abfahrt bereit. Hinter dem Schornstein ist der Schalldämpfer der Gegendruckbremse zu erkennen, darunter – vom Luftpumpenabdampf umkräuselt – das Drosselventil für die Regelung des Bremsdruckes. An der Rauchkammer ragt vorne markant das Steuerventil für die Abdeckklappe des Blasrohres heraus. Mit dieser Klappe wurde verhindert, dass beim Bremsen Ruß aus der Rauchkammer in die Zylinder gelangte. Links im Hintergrund das Schloss Biedenkopf.

Die Dillenburger 94 1533 hat den Zug 3175 aus Dillenburg nach Gönnern gebracht und rückt am 18. November 1967 nach getaner Arbeit im weichen Licht der tiefstehenden Nachmittagssonne in den Lokschuppen in Gönnern ein

93 526

Am 12. Februar 1967 wurde eine der letzten preußische T 14^1 der DB, die Hannoveraner 93 526 mit einem Sonderzug der Arbeitsgemeinschaft Eisenbahn-Kurier auf die heute längst abgebaute Innerstetalbahn Langelsheim – Altenau geschickt. Einen Fotohalt mit Scheinanfahrt gab es unmittelbar an der Innerstetalsperre, wo die Strecke wenige Jahre zuvor wegen des Baus der Talsperre verlegt werden musste (Bild links). Eineinhalb Jahre später scheidet die Lok nach einem Unfall als letzte ihrer Gattung bei der DB aus.

Gut zweihundert Meter weiter oben am Endpunkt der Strecke in Altenau liegt Schnee und die Sonne scheint. Das ist Winter, wie ihn nicht nur die Eisenbahnfreunde mögen.

55 3830

66 002

66 002

Am 25. Mai 1967 fand unter dem Motto „Abschied von der Dampflok“ eine Sonderfahrt von Frankfurt über Limburg und Gießen zurück nach Frankfurt statt. In Gießen wurde für die Fahrtteilnehmer eine beachtliche Fahrzeugausstellung arrangiert. Hintereinander aufgereiht sind die Kasseler 10 001, die Gießener 66 002 und 50 1237 sowie die wenige Tage zuvor ausgemusterten Gießener 55 3830 und Hanauer 78 491, die so gar nicht den Eindruck alten Eisens vermitteln wollen.

Für die letzte Etappe von Gießen nach Frankfurt ist die 23 019 zuständig, deren Rauchkammer mit einem Schild mit dem Motto der Fahrt verziert ist. An erster Stelle ist in den langen Zug aus Silberlingen ein Gesellschaftswagen eingereiht.

Am 17. Juni 1967 – damals als Tag der Deutschen Einheit ein Feiertag – galt es Abschied von der P 8 in der Direktion Köln zu nehmen. Die herausgeputzte Wannentenderlok 38 1889 legte in der bekannten Ortsdurchfahrt von Olef an der Strecke Kall – Hellenthal einen Fotohalt ein. Die Fans fuhren damals bei solch festlichen Anlässen in Schlips und Kragen mit.

Die Schweinfurter 78 303 hatte am 27. August 1967 die Aufgabe, einen Sonderzug mit illustrer Wagengarnitur auf der Route Fulda – Alsfeld – Bad Hersfeld – Bebra – Obersuhl – Bebra – Fulda zu befördern. Hier ist der Zug um fünf vor zwölf in Alsfeld (Oberhess) zu sehen. In den Zug sind neben vier Umbauwagen ein erstklassiger Eilzugwagen sowie zwei Donnerbüchsen und der unverzichtbare Gesellschaftswagen eingereiht.

Am 8. Oktober 1967 fand mit der Hamburger 78 248 eine Sonderfahrt in die Holsteinische Schweiz statt. Die Aufnahme zeigt den Sonderzug in Malente-Gremsmühlen an der Strecke Lübeck – Kiel, deren südlicher Abschnitt einst die Stammstrecke der Eutin-Lübecker Eisenbahn war. Vermutlich hat die Lok gerade umgesetzt und wird anschließend mit dem Zug in Richtung Plön abfahren.

Bei der Sonderfahrt am 8. Oktober 1967 befuhr der Zug mit 78 248 auch die nur siebzehn Kilometer lange Nebenbahn von Malente-Gremsmühlen nach Lütjenburg. Hier ist der Zug schon auf der Rückfahrt und passiert gerade den weitab jeglicher Besiedlung liegenden Haltepunkt Kletkamp.

Am 22. Oktober 1967, genau ein halbes Jahr nach ihrer Gründung, veranstaltete die DGEG eine Sonderfahrt von Frankfurt nach Nürnberg mit 18 323. Bei der Fahrzeugausstellung in Nürnberg wurde unter anderem 98 307 gezeigt (links).

Auf der Rückfahrt gab es von Schweinfurt nach Gerolzhofen eine Fahrt mit 98 1125 und 98 886, zwei der drei letzten in Betrieb befindlichen bayerischen Lokalbahnlokomotiven, an den beiden Zugenden. In Gerolzhofen steht 98 1125 für die Rückfahrt nach Schweinfurt bereit (oben).

In Schweinfurt hat 18 323 den DGEG-Sonderzug von den beiden bayerischen Lokalbahnloks übernommen und wird im letzten Tageslicht nach Frankfurt abfahren. Rechts im Hintergrund ist das markante Dach des Schweinfurter Lokschuppens auszumachen. Mit dem Fahnenschmuck an der Rauchkammertür wurde mit Weiß/Blau das hauptsächlich durchfahrene Bundesland und Schwarz/Gelb das Bundesland mit dem Sitz des Vereins – Karlsruhe in Baden-Württemberg – markiert.

Die sechsachsige V 300 001 ist am 7. Mai 1967 mit einem Sonderzug auf der Strecke Olpe – Betzdorf unterwegs und legt im Bahnhof Sondern direkt an der Biggetalsperre einen Halt ein. Erst seit drei Jahren ist die wegen des Talsperrenbaus verlegte neue Biggetalbahn in Betrieb.

Am 30. Dezember 1967 hatte die Limburger 65 015 die Aufgabe, einen Sonderzug von Fulda auf steigungs- und kurvenreicher Strecke durch Oberhessen über Lauterbach und Gedern nach Stockheim zu fahren. In Ober Seemen bei Gedern entstand bei einem Fotohalt dieses wundervolle Winterbild.

»Bitte einen Bittner ...« – die komplette Buchreihe

Bundesbahn-Fotoalbum
Band 2: 1968 bis 1970

Im zweiten Band des „Bundesbahn-Fotoalbums" geht es um Helmut Bittners Aufnahmen aus den Jahren 1968 bis 1970. Im Mittelpunkt stehen dabei das Ende der Dampftraktion auf der „Rollbahn" Hamburg – Osnabrück und auf der Marschbahn, auf den Strecken Nordostbayerns, Hessens, Nordbadens/Unterfrankens, an der Mosel sowie Foto-Touren nach Altenbeken, in die Eifel, den Raum Aachen/Mönchengladbach und an die Magistrale Hamm – Hannover.

Helmut Bittner: Bundesbahn-Fotoalbum – Band 2: 1968–1970. 192 Seiten im Format 24 x 22 cm, fester Einband, ca. 200 SW- und Farbaufnahmen, ISBN 978-3-946594-15-4 · **29,80 €**

Bundesbahn-Fotoalbum
Band 3: 1971 bis 1973

Im dritten Band des „Bundesbahn-Fotoalbums" geht es um Helmut Bittners Aufnahmen aus den Jahren 1971 bis 1973. Im Mittelpunkt stehen dabei das Ende der Dampftraktion auf der Schiefen Ebene sowie weiteren Strecken Nordostbayerns, auf der Moselstrecke, der Emslandstrecke, und es geht um Züge in Ostwestfalen sowie im nördlichen Baden-Württemberg um Lauda.

Helmut Bittner: Bundesbahn-Fotoalbum – Band 3: 1971–1973. 192 Seiten im Format 24 x 22 cm, fester Einband, 275 Abbildungen, ISBN 978-3-946594-23-9 · **32,80 €**

Bundesbahn-Fotoalbum
Band 4: 1974 bis 1985

Hier spannt sich der Bogen von den letzten Dampflokeinsätzen in Rottweil, Lauda und Rheine über Altbau-E-Loks wie 116, 119 und 193 und Diesellok-Exoten wie die 280 in Franken bis zu den Feiern zum Jubiläum „150 Jahre deutsche Eisenbahnen". Der ganz normale Alltagsverkehr kommt genauso wenig zu kurz wie die immer zahlreicher werdenden Aktivitäten von Eisenbahn-Enthusiasten. Einige Eindrücke von Reisen in die DDR ergänzen das vielfältige Geschehen auf deutschen Schienensträngen.

Helmut Bittner: Bundesbahn-Fotoalbum – Band 4: 1974–1985. 192 Seiten im Format 24 x 22 cm, fester Einband, ca. 270 Abbildungen, ISBN 978-3-946594-28-4 · **34,80 €**

Bundesbahn-Fotoalbum
Band 5: Österreich sowie Jugoslawien, Tschechoslowakei und Ungarn (1958 bis 1980)

Helmut Bittners Fotoaktivitäten beschränkten sich aber nicht nur auf das Nachkriegsdeutschland. Der in Prag geborene Bittner unterhielt intensive Freundschaften in Österreich, reiste oft ins Nachbarland und begann tatsächlich auch dort 1958 mit ersten Aufnahmen seine fotografische Tätigkeit. Neben den Lokomotiven der Staatsbahn widmete er sich auch den zahlreich vorhandenen privaten Eisenbahnen und Werksbahnen. Schließlich zog es ihn auch nach Jugoslawien und in die Tschechoslowakei sowie zur österreichisch-ungarischen Györ-Sopron-Ebenfurther Eisenbahn. Neben Hundertjährigen aus der k.u.k.-Zeit finden sich Kriegsloks der Reichsbahn, moderne Neubaudampfloks der ČSD, urige Privatbahn-Triebwagen, Werkbahn-Sonderlinge, Diesel-Prototypen und auch Vertreter der E-Traktion – ein bunter Strauß, mal als Lokporträt, mal in schöner Landschaft, im Bahnhof oder Betriebswerk.

Helmut Bittner: Bundesbahn-Fotoalbum – Band 5: Österreich, Jugoslawien, Tschechoslowakei, Ungarn (1958–1980). Ca. 144 Seiten im Format 24 x 22 cm, fester Einband, ca. 160 Abbildungen, ISBN 978-3-946594-41-3 · **32,80 €** · **ERSCHEINT 2027**

Stand 05.2026

DGEG Medien

DGEG Medien GmbH · Monforts Quartier 1 · 41238 Mönchengladbach
Tel. 0 21 61 – 4 63 46 22 · medien@dgeg.de · www.dgeg-medien.de